AF469710

LE FUMIER DE FERME

SON ACTION,

SA PRÉPARATION, ET SON EMPLOI.

CONDITIONS D'ÉTABLISSEMENT

d'une

FUMIÈRE

AVEC PLAN ET DESSIN

par

ANTONIN ROUSSET,

Sous-inspecteur des Forêts.

PRIX : 1 FR.

A PARIS,
BERGER-LEVRAULT & Cie
Rue des Beaux-Arts, N° 5.

A NANCY,
BERGER-LEVRAULT & Cie
Rue Jean-Lamour, N° 11.

A NICE,
A. GILLETTA, ÉDITEUR
Rue de la Préfecture, 9, et rue des Ponchettes, 17 et 15.

1875

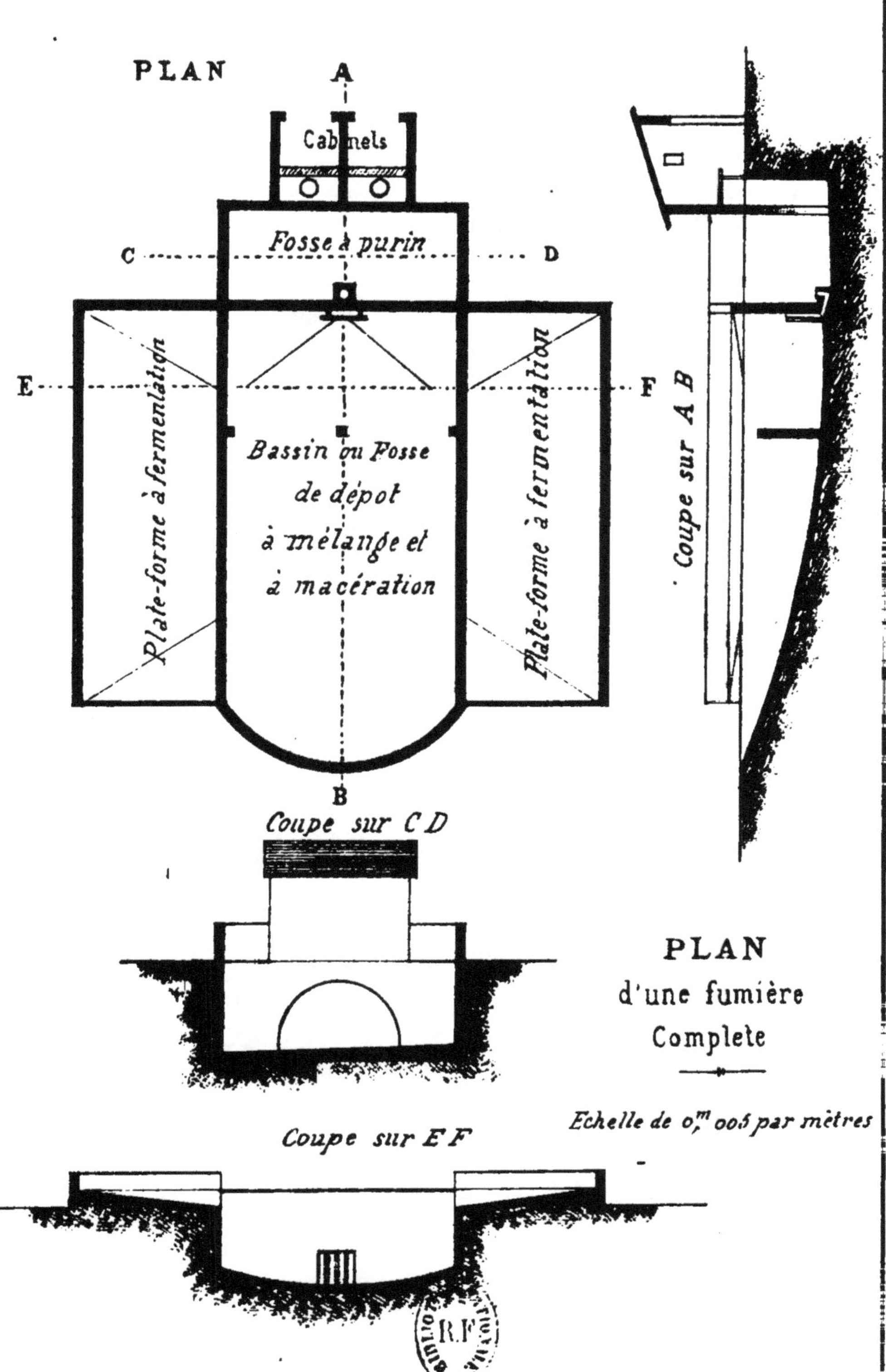

PLAN
d'une fumière
Complete

Echelle de $0^m,005$ par mètres

VUE DE LA FUMIÈRE DE SAINT A....

LE FUMIER DE FERME

OUVRAGES DU MÊME AUTEUR :

CULTURE, EXPLOITATION, ET AMÉNAGEMENT DU CHÊNE-LIÈGE, en France et en Algérie, 1 vol. in-8°, prix. . . . . 2 fr.

LES ETUDES DE MAITRE PIERRE SUR L'AGRICULTURE ET LES FORÊTS, ouvrage couronné par l'Académie d'Aix en 1863, 1 vol. petit in-8°, prix. . . . . 1 fr.

DICTIONNAIRE GÉNÉRAL DES FORÊTS, 1re partie, Législation et Administration, 1 fort vol. (1178 pages), in-8°, prix. . . . . 24 fr.

RÉFLEXIONS ET CONSEILS SUR L'AGRICULTURE, broch. in-8° (épuisée).

LE

FUMIER DE FERME

SON ACTION,

SA PRÉPARATION, ET SON EMPLOI.

CONDITIONS D'ÉTABLISSEMENT

d'une

FUMIÈRE

par

ANTONIN ROUSSET,

Sous-inspecteur des Forêts.

> La pratique de l'agriculture n'est que l'application des lois naturelles de la production végétale aux diverses conditions spéciales et locales des terrains.
>
> R.

PRIX: 1 FR.

A PARIS,
BERGER-LEVRAULT & Cie
Rue des Beaux-Arts, N° 5.

A NANCY,
BERGER-LEVRAULT & Cie
Rue Jean-Lamour, N° 11.

A NICE,
A. GILLETTA, ÉDITEUR
Rue de la Préfecture, 9, et rue des Ponchettes, 17 et 19

1875

NICE,

Imprimerie, Lithographie et Librairie A. Gilletta, éditeur,

Rue de la Préfecture, 9, et rue des Ponchettes, 17 et 15.

PRÉFACE

Profondément convaincu que le fumier de ferme était, et serait toujours le plus puissant agent de la production agricole, et que ce produit est le point de départ de toutes les améliorations culturales, je voulus, en 1868, disposer un emplacement spécial pour la confection des fumiers nécessaires à l'exploitation d'un domaine.

Avant de mettre la main à l'œuvre, j'avais consulté à peu prés tous les ouvrages d'agriculture traitant des fumiers de ferme (1), sans trouver dans aucun d'eux un plan à ma convenance; pour mettre mon projet à exécution, je fus donc obligé de combiner une disposition spéciale, répondant à mes idées sur ce sujet.

Cette *fumière*, construite en 1870, est actuellement en activité.

Satisfait, en tous points, de cet établissement qui a donné les résultats espérés, et dont un

(1) On peut citer entre autres, les ouvrages publiés par MM. de Dombasle, Thaër, de Gasparin, Joigneaux, Boussingault, Pierre, Heuzé, Dehérain, Malaguti, Soulice, Pelouze et Fremy, Girardin et Dubreuil, Lewy, Gossin, etc., etc.

modèle en relief a été honoré d'une médaille d'argent, au concours régional de Nice de 1874, j'ai pensé qu'il pourrait être utile d'exposer succinctement les principes qui m'avaient guidé dans cette construction, d'autant que les expériences, et les decouvertes de MM. Grandeau, Dehérain, Schlœsing, Mülder, Thenard, etc., etc., permettent d'appuyer, sur des bases scientifiques et certaines, les règles adoptées et suivies pour la fabrication du fumier de ferme.

Par suite des investigations de ces savants, le phénomène de la fertilité, et de la production de la terre commence a être bien analysé et connu. Grâce aux progrès de la science, il est permis d'espérer que l'universalité, et l'admirable simplicité des véritables lois naturelles, auront bientôt fait justice de toutes les nombreuses et ingénieuses théories spéciales à chaque fait particulier, et on reconnaitra alors, que « la nature a une seule loi « harmonique dans laquelle tout s'enchaîne et se « coordonne, et dont l'application constitue la vé« ritable agriculture. »

Puisse cette petite publication, inspirée par ces idées, aider au triomphe de ces principes, et aussi à la propagation de ces grandes vérités : que le fumier de ferme est le principal, et pour ainsi dire le seul agent naturel de la fertilité du sol ; que sans fumier, il n'y aura jamais de progrès agricole bien réel ; et qu'il importe au développement de l'agriculture, et à la prospérité du pays, que les bonnes méthodes pour la production, la conservation, et l'emploi du fumier, soient enfin adoptées partout.

Puissent aussi les indications de ce travail faciliter la tâche de ceux qui voudraient construire une *fumière*, et leur éviter les recherches, et les tâtonnements que m'a coûté cette installation.

A. R.

Nice, 1 juillet 1875.

LE FUMIER DE FERME

CHAPITRE Ier

Principes de la fertilité de la terre ; Action des matières fertilisantes sur la végétation

> La force de production d'un terrain est proportionnée aux substances que les végétaux peuvent s'assimiler, et nullement aux quantités ou aux espèces d'éléments que le sol renferme.

Quoique le bon sens des cultivateurs proclame cette vérité, que le fumier est la base de toute exploitation agricole, et admette, comme un axiome incontestable, qu'il est le trésor de la ferme, il n'en est pas moins vrai, que c'est à l'obscurité, ou à l'incertitude qui règne au sujet de l'action réelle du fumier sur la végétation des plantes, qu'on doit attribuer la diversité d'opinion sur la manière de confectionner, de soigner et d'employer ce produit si important.

De tout temps, les agriculteurs ont connu la prétendue loi de restitution (1), et ont cherché à s'y conformer. C'est même dans ce but, qu'ils confectionnent du fumier avec les litières et les déjections des animaux, ou bien qu'ils achètent des engrais et des matières fertilisantes, afin de mettre dans la terre un équivalent des principes enlevés par les récoltes passées, et ceux destinés à servir d'aliment aux récoltes futures.

Pour guider les agriculteurs dans cette voie, les savants ont multiplié leurs expériences et, après avoir réussi à déterminer les éléments de nutrition des végétaux, ils ont cherché à indiquer les moyens par lesquels on pourrait se procurer économiquement ces substances. Grâce aux analyses de la chimie agricole, on connaît maintenant les principaux corps simples constituant les tissus des plantes, et qui sont : le carbone, l'hydrogène, l'oxygène, l'azote, le phosphore, le soufre, la silice, le fer, la potasse, la soude, la magnésie et la chaux. Comme une partie de ces principes est fournie par l'eau ou par l'air, il n'y avait pas à s'en occuper ; quant aux autres, on a pensé qu'il suffisait de procurer au sol, une quantité de ces éléments équivalente à celle que renferment les plantes récoltées, pour fertiliser la terre et en obtenir indéfiniment des produits abondants.

---

(1) La loi de restitution, comme semblent l'entendre quelques auteurs, n'aurait d'autre résultat que d'appauvrir un terrain aux dépens des autres. Mais alors, comme tôt ou tard il restera toujours une partie du sol appauvrie, cette loi de restitution est anti-naturelle, et son application constitue réellement une agriculture épuisante, ou vampire, suivant l'expression de Liebig.

Ce principe, en partie vrai, a donné naissance à la théorie des engrais chimiques, qui a été le point de départ d'une véritable et heureuse révolution agricole, mais contre laquelle ont cependant protesté les agriculteurs lorsque, en l'exagérant, on a cru pouvoir la transformer en loi absolue et en faire une application générale.

Nul problème n'a, autant que celui de la fertilité du sol, été l'objet de l'investigation des savants, et nul n'aurait été plus facile à résoudre, si l'esprit humain avait voulu accepter aveuglément la supériorité et la perfection des lois divines, qui ont présidé à la formation du globe.

Depuis le commencement du monde, l'amélioration et la fertilité de la croute terrestre ont toujours été en augmentant, et ce progrès se continue encore de nos jours, et sous nos yeux, dans tous les terrains boisés. Ce phénomène, que chacun peut constater, est le résultat de la décomposition des feuilles mortes et des détritus de toute nature, qui tombent et s'accumulent chaque année sur le sol des forêts. C'est peut-être même ce fait qui a donné naissance à la loi de la restitution.

Ne pouvant nier la fertilisation du sol, par suite de la décomposition des matières végétales, on a prétendu, en vertu de cette théorie ou loi de la restitution mal comprise, que les débris végétaux, matières essentiellement carbonées, ne pouvaient fertiliser que le sol des forêts produisant du bois, dont les tissus renferment beaucoup de carbone. Poussant plus loin cette déduction, on a érigé en principe que les cultures dont les produits contenaient beaucoup d'azote, exigeaient par suite des engrais azotés. Ce raisonnement portait à faux d'abord, parce que toutes les parties jeunes des végétaux (arbres et plantes) renferment une assez grande quantité d'azote et, qu'à cet égard, les bois auraient eu besoin, comme les autres cultures, d'engrais azotés ; ensuite, parce qu'on ignorait la véritable source d'où provenait l'azote combiné dans les tissus végétaux, et enfin, parce que les arbres n'ont pas besoin d'engrais carbonés.

Aussi, malgré l'autorité de la science, les populations rurales n'ont elles pas cru à toutes les vertus des engrais chimiques. Confiantes dans l'exemple que leur donnait la nature, et assurées de ne pouvoir se tromper en suivant un tel guide, elles ont continué à aller chercher et enlever les feuilles mortes des bois pour en fertiliser leurs cultures

Aujourd'hui, ce que le bon sens pratique des agriculteurs avait deviné, est enfin devenu une vérité démontrée, devant laquelle il n'y a plus de contradiction possible ; voici d'ailleurs les expériences qui ont conduit à ce résultat.

En 1872, M. L. Grandeau, directeur de la station agronomique de l'Est, à Nancy, et professeur d'agriculture à l'école forestière, a reconnu, en étudiant et en analysant de la terre noire de Russie (1), dont la fécondité est proverbiale, que les matières organiques de

---

(1) Voir les deux mémoires de M. L. Grandeau : Recherches sur le rôle des matières organiques du sol, dans le phénomène de la nutrition des végétaux, publiés dans les annales de la Société Centrale d'Agriculture et du Comice de Nancy, Tome 1, 1870-1873.

l'humus rendaient *seules* fertile un sol renfermant d'ailleurs tous les autres éléments minéraux, nécessaires au développement des végétaux.

Pour mieux élucider cette question, le savant professeur a établi l'expérience suivante, sur quatre cases de végétation, dont deux renfermaient de la terre calcaire, et deux de la terre argileuse, l'une et l'autre épuisée par les récoltes précédentes, et n'ayant reçu aucun engrais depuis quatre ans. Dans l'une des cases à terre calcaire, et dans l'une des cases à terre argileuse, il a fait mélanger une certaine quantité de terrain tourbeux, absolument stérile par lui-même, et dans ces quatre cases, dont deux étaient ainsi préparées, et deux étaient restées à l'état naturel, il a semé la même quantité d'orge chevalier. L'influence de la matière organique carbonée s'est manifestée d'une manière très-apparente, puisque dans le sol calcaire, elle a doublé la récolte, et dans le sol argileux, elle l'a augmenté d'un tiers (1).

Des expériences et des observations de M. Grandeau, on peut dès lors conclure : 1o que les débris organiques végétaux ne sont pas un aliment pour les plantes ; 2o que les végétaux se nourrissent exclusivement d'éléments inorganiques (2) ; 3o que les matières organi-

(1) Cette différence dans l'action des matières végétales provient sans doute de la différence de perméabilité du sol calcaire ou argileux ; dans le premier, l'afflux de l'air rend la décomposition de matières végétales plus rapide et plus courte, tandis que dans le second, elle est moins active mais dure plus longtemps.

(2) Liebig avait déjà énoncé ce fait, que tous les aliments des plantes appartiennent au monde inorganique. D'après M. E. Morren, la fonction exclusive des végétaux est la transformation des composés inorganiques du sol, en substances organiques.

ques végétales n'ont, dans la nutrition des plantes, qu'un rôle d'intermédiaire ou de réactif (1) spécial, dont l'unique but est de rendre assimilables les éléments minéraux du sol ; 4o qu'en l'absence de ces substances organiques végétales, toutes les matières minérales de la terre restant inassimilables, sont inertes et improductives, et que, dans ces circonstances, les plantes ne se développent pas.

Voilà donc une première question parfaitement résolue, en ce qui concerne l'assimilation de toutes les substances minérales,existant dans le sol ou provenant de la décomposition des roches, et qui sont : le phosphore, le soufre, la silice, le fer, la potasse, la soude, la magnésie et la chaux.

Tous les travaux sur la physiologie végétale, ont d'autre part démontré que les plantes absorbent directement l'oxygène de l'air ; qu'elles empruntent à l'eau l'hydrogène nécessaire à la constitution de leurs tissus ; et qu'elles tirent de l'acide carbonique de l'air et du sol, le carbone dont elles ont besoin. Il ne reste donc plus qu'à rechercher le moyen par lequel les végétaux se procurent l'azote qu'ils renferment en si grande abondance, et dont les combinaisons constituent les produits azotés servant de nourriture aux animaux (2).

---

(1) La réaction, ou le phénomène qui se produit entre une substance minérale, une plante en végétation et des débris organiques en décomposition, quoique bien constaté, est encore un peu obscur, en ce sens qu'il n'est pas encore parfaitement démontré, si ce phénomène dépend seulement d'une action purement chimique, ou bien si l'action vitale de la végétation y intervient d'une maniere quelconque.

(2) D'après M. Grandeau (Etude chimique sur les maïs caragua, Journal d'agriculture pratique), les animaux empruntent directement ou indirectement *tout* leur azote aux végétaux.

L'azote forme les 4/5 de l'atmosphère, et il n'est pas douteux que c'est à cette source inépuisable que les plantes empruntent cet élément.

Voici d'ailleurs les diverses opinions des savants sur cette question intéressante :

Suivant M. G. Ville, la végétation n'influe pas sur la décomposition des engrais (1), et les plantes s'assimilent directement l'azote, par leurs racines, sous forme de gaz élémentaire (2). MM. Boussingault, Lawes, Gilbert et Puch nient cette assimilation directe de l'azote élémentaire, en laissant ce phénomène inexpliqué.

M. Schlœsing, après avoir démontré que les organes folliacés absorbent et s'assimilent l'ammoniaque de l'air, admet, comme source unique de l'azote des végétaux, l'ammoniaque et l'acide nitrique de l'atmosphère ; M. Grandeau paraît partager cette opinion (3).

La seule incertitude qui subsiste à ce sujet, porte donc sur le mode d'assimilation de l'azote, et on peut considérer cette question comme définitivement résolue aujourd'hui, grâce aux recherches et aux expériences suivantes.

En 1873, M. Dehérain, professeur de chimie à l'école d'agriculture de Grignon et aide-naturaliste au Muséum d'histoire naturelle, a reconnu, à la suite d'ex-

---

(1). (2). Voir : Recherches expérimentales sur la végétation ; (Mémoires et mélanges), Influence des matières azotées sur la végétation. Tome 1. 1868, par M Georges Ville.

(3) Voir : Etude chimique sur le maïs caragua vert et ensilé, par M. L. Grandeau, publié dans le journal d'agriculture pratique.

périences nombreuses (1), que l'azote atmosphérique se fixe à froid sur les matières végétales en décomposition, et que ce phénomène est favorisé par l'absence de l'oxigène. Or, comme M. le baron P. Thenard avait déjà fait remarquer, qu'à partir de la couche superficielle, le sol cultivé était toujours de plus en plus pauvre en oxygène, ce gaz étant absorbé par la combustion interne des matières organiques du sol, M. Dehérain en a conclu, avec raison, que les terres fumées et cultivées sont dans les conditions les plus favorables pour la fixation de l'azote atmosphérique, et sa transformation ultérieure en ammoniaque, au contact de l'hydrogène provenant de la décomposition des matières organiques elles-mêmes.

Déjà M. Mülder avait précédemment indiqué que la formation de l'ammoniaque du sol est continue, et que les conditions favorables à la production de ce phénomène se rencontrent aussi souvent que la cellulose, le ligneux, etc., sont changés en acide humique, ou en autre matière constituante du sol.

M. de Belenet, juge à Vesoul, a implicitement constaté le même fait, en préconisant le schiste bitumineux du lias, finement pulvérisé, comme un engrais merveilleux, par suite de la création des sels ammoniacaux et des nitrates que l'on trouve dans le sol fumé avec cette matière.

---

(1) Voir : Cours de chimie agricole, professé à l'école d'agriculture de Grignon, par M. P.P. Deherain, ainsi que le mémoire publié par le même auteur : Recherches sur l'intervention de l'azote atmosphérique dans la végétation, inséré au Tome XIX des Annales des Sciences naturelles botaniques.

En résumé, il résulte de l'exposé ci-dessus, que l'absorption de l'azote par les végétaux paraît s'effectuer de deux manières différentes, savoir : par les racines seules, à l'état d'azote pur, de nitrate, ou d'ammoniaque; ou bien par les feuilles seules, à l'état d'ammoniaque; à moins que ce phénomène ne s'effectue simultanément par les feuilles et les racines, et sous ces différentes combinaisons. Or, quelle que soit l'hypothèse à laquelle on s'arrête, on se trouve toujours en présence d'une source naturelle et inépuisable d'azote assimilable. Dans le premier cas, les recherches de MM. Dehérain et Mülder prouvent, en effet, que la décomposition des matières végétales détermine dans le sol, et pendant toute la durée de ce phénomène, la fixation de l'azote atmosphérique et la formation continue de l'ammoniaque, susceptibles de fournir ainsi, aux racines des plantes, tous les éléments nécessaires à leur nutrition. Dans le second cas, puisque les feuilles absorbent directement l'ammoniaque et l'acide nitrique formé dans l'atmosphère par les phénomènes électriques (1), il est évident que ces organes se trouvent encore, sous ce rapport, en présence d'une source considérable (2) et indéfinie de substance azotée assimilable.

---

(1) Cette observation expliquerait en quelque sorte la périodicité des orages et leur apparition pendant la saison où les plantes sont en végétation.

(2). M Grandeau (Etude chimique sur le maïs caragua vert et ensilé), trouve qu'une proportion de 0,00000325 d'ammoniaque dans l'air, suffit pour justifier et expliquer l'excédant de 93 kilogrammes d'ammoniaque par hectare, trouvé dans une récolte de maïs et de seigle, par rapport à la fumure donnée à ces cultures. Le dosage de l'ammoniaque de l'air a fourni des résultats très-divers et, d'après M. Georges Villes, la proportion de ce composé varierait de 0,0000000177 à 0,0000000317.

Mais comme les phénomènes d'absorption chez les végétaux ont, en réalité, aussi bien pour siège les feuilles que les racines, on peut en conclure d'abord, que l'assimilation des combinaisons azotées s'effectue également et simultanément par les racines et les feuilles ; et ensuite, que chacun de ces organes puise directement, dans le milieu où il se développe et d'une façon absolue ou complémentaire, les substances azotées assimilables, les mieux appropriées à sa nature. Il ne faut pas en effet oublier que les végétaux, comme tous les êtres organisés, absorbent d'abord les substances dont l'assimilation est la plus facile ; qu'ils empruntent davantage au milieu le plus riche, et que l'activité de leurs fonctions augmente, au fur et à mesure de la progression de la végétation et du développement des organes, résultant de l'abondance des éléments de nutrition (1).

Dans tous les cas, voilà la question relative à l'origine et à l'absorption de l'azote des végétaux parfaitement résolue au point de vue agricole, puisque, quelque soit l'organe, siège spécial de ce phénomène, les combinaisons de l'azote atmosphérique interviennent naturellement et toujours à profusion, pour assurer la nutrition et le développement normal des plantes.

---

(1) Lors de l'apparition des premiers végétaux, les roches primitives nues ne pouvaient pas fournir des combinaisons azotées assimilables par les racines, et les feuilles des premières plantes embryonnaires ont été, à cette époque, les seuls organes d'absorption des composés azotés ; lorsque les débris végétaux ont eu formé l'humus, les plantes plus perfectionnées se sont montrées, et l'absorption par les racines devenue possible, a permis à la végétation de suivre, depuis cette époque, une marche progressive et ascendante.

Si on ajoute à ces faits, que les racines des végétaux attaquent et corrodent les minéraux dans l'intérieur du sol (1), et principalement les carbonates et les phosphates de chaux ; que les granits, les mica-schistes, les gneiss et les roches feldspathiques sont décomposés par les végétaux (lichens), qui se développent à leur surface (2), il est alors assez facile de comprendre et d'expliquer les causes de la fertilité du sol, ainsi que le rôle des fumiers en agriculture.

D'après ces expériences et ces découvertes, on semble être en droit d'affirmer, que *tous* les éléments de la nutrition et du développement des végétaux existent dans le sol ou dans l'air, en quantité infinie, et pour ainsi dire inépuisable, eu égard aux besoins de la végétation, ce qui réduit alors à néant la prétendue théorie de la loi de restitution (3). En outre, comme la plupart des substances inorganiques, servant d'aliments aux plantes, se trouvent presque toujours engagées dans des combinaisons diverses, qui empêchent leur absorption directe, les détritus de nature végétale, tels que feuilles, fruits, écorces, etc., qui tombent chaque année sur le sol, sont destinés à jouer le rôle de

---

(1) Liebig a signalé la corrosion des pierres calcaires marquées par les empreintes des racines des plantes. Voir la Physiologie végétale du docteur Julius Sachs.

(2) M. Julius Sachs (Physiologie végétale) attribue la décomposition de ces roches à des exhalaisons d'acide carbonique, ou peut-être à l'acidité de la sève des plantes.

(3) Si le sol ne s'épuise pas, la théorie de l'assolement et de l'alternance des cultures, basées sur l'absorption des divers principes assimilables, manque de fondement, et se trouve en contradiction avec les faits naturels. Mais il faut remarquer cependant, qu'un assolement établi en vue de la meilleure utilisation des engrais peut toujours être suivi et appliqué avec fruit, surtout par rapport aux fumures complètes.

réactif ou d'intermédiaire, pour rendre ces divers éléments minéraux assimilables aux végétaux (1).

Dans les conditions naturelles, ces détritus, feuilles mortes, bois, fruits, etc., composés en grande partie de matière carbonée, et infertiles par eux-mêmes, se décomposent lentement et peu à peu, en commençant par les couches inférieures en contact avec le sol. Mais cette désorganisation souterraine des matières végétales carbonées, par voie de fermentation putride, a pour conséquence forcée l'absorption de l'oxigène de l'air, la formation d'acide carbonique, et la mise en liberté d'hydrogène. Dès lors, comme ce phénomène naturel réunit toutes les conditions reconnues favorables à la nutrition des plantes, savoir: d'une part, fixation de l'azote atmosphérique sur les substances végétales en décomposition, avec formation correspondante d'ammoniaque; et en outre, réduction des roches sous l'influence de l'acide carbonique et isolation simultanée des matières inorganiques. on est forcé d'en conclure, que *la décomposition des matières végétales carbonées est l'unique agent naturel de la nutrition et du développement des plantes.*

Comme conséquence de ce principe, on peut ajouter que la force et la durée de cette action fertilisante dépend de l'activité et de la durée de la fermentation et de la décomposition de ces matières dans le sol.

---

(1) Au début de la végétation, lorsque l'écorce solide du globe n'était qu'une roche infertile, les plantes primordiales n'ont eu d'autres aliments que les substances inorganiques. Les détritus et les dépouilles de ces végétaux ont été le premier élément d'amélioration et de fertilité du sol, et c'est la répétition continue de ce même phénomène qui a produit la terre végétale que l'on cultive aujourd'hui.

C'est donc dans la continuation et l'application de cette loi naturelle, que l'on doit chercher le principe et la méthode à suivre pour fertiliser les terres en culture.

Il importe cependant de remarquer, que si la décomposition normale des matières carbonées provenant du dépouillement naturel des végétaux s'effectue avec lenteur, c'est parce que, suivant les lois primordiales de la création, ces détritus sont destinés à améliorer lentement et peu à peu des terrains sur lesquels se développe une végétation naturelle, spontanée et variée.

Le travail agricole de l'homme, en réunissant chaque année, sur une surface réduite, une grande quantité des mêmes plantes, a profondément modifié cet état de choses, et, dans ces nouvelles conditions de production végétale, il faut que le sol fournisse une surabondance d'éléments assimilables, pour que toutes les cultures accidentelles y prospèrent. Ce résultat peut être obtenu de deux manières différentes : par l'apport d'un surplus de matières végétales, dont l'action améliorante ne se fera sentir qu'avec le temps ; ou bien, en employant ces mêmes matières, mais dans un état particulier, qui augmente l'énergie de leur action fertilisante, au détriment de sa durée.

Ce dernier effet a été réalisé par l'utilisation du résidu des substances végétales ayant servi de nourriture aux animaux, parce que d'une part, l'élaboration subie pendant la digestion les a désorganisées en partie, et que d'un autre coté, les matières azotées mélangées aux déjections déterminent rapidement leur fermentation et leur décomposition putride. Aussi a-t-on, en général, considéré jusqu'à ce jour l'élève du bétail comme l'unique source de la fertilité des terres (1), à cause de l'emploi des déjections animales ; mais cette opinion, à peu près universellement répandue, doit être cependant interprétée en ce sens, que les bestiaux

---

(1) Voir, chap. II § 3. Emploi du fumier, une note sur l'emploi des plantes enterrées en vert comme fumure.

ne sont pas producteurs d'engrais (1), mais seulement préparateurs de fumiers.

Lorsque enfin, suivant les progrès de l'agriculture, les plantes cultivées sont en même temps nombreuses, épuisantes et à végétation rapide, leur culture ne devient alors possible et fructueuse, que par l'introduction opportune dans le sol des substances immédiatement et directement assimilables, parce que ces plantes ne pourraient pas attendre une décomposition quelconque des matières végétales carbonées.

Dans ces conditions particulières, l'engrais humain, c'est-à-dire la quintessence de tous les produits végétaux déjà élaborés par les animaux, et dont la partie la plus substantielle a formé leur chair qui sert de nourriture à l'homme, peut seul, à cause des principes qu'il renferme, et surtout de son état spécial de division et d'élaboration, fournir immédiatement à ces plantes tous les élements de leur développement.

Mais il importe de faire observer, que les engrais immédiatement assimilables étant en général promptement et complètement absorbés par les plantes, il faut, à moins que le sol ne soit très riche ou n'ait reçu une quantité surabondante de matières fertilisantes, renouveler chaque année ce genre de fumure, pour obtenir de bonnes récoltes.

L'étude des lois naturelles et des relations entre le sol, les matières fertilisantes et les végétaux semblent maintenant permettre de se prononcer, à peu près

(1) M. Boussingault a déjà émi cette opinion, que le bétail n'est pas un producteur, mais un consommateur d'engrais.

clairement, sur le principe si discuté de la production du sol.

En dehors des circonstances climatériques ou spéciales, la fertilité d'un terrain dépend des deux conditions suivantes :

1° La présence de tous les éléments minéraux indispensables au développement des plantes, et leur aptitude a une assimilation naturelle et directe, plus ou moins facile et rapide, résultant de leur composition, de leur propriété, ou d'un état particulier de combinaison.

2° La plus ou moins grande quantité de substance organique carbonée, son état de décomposition, et sa proportion avec les substances inorganiques qui doivent être assimilées par les plantes.

Quant aux diverses substances ou matières fertilisantes qui aident ou activent, directement ou indirectement, la production du sol, on peut les diviser en deux catégories bien distinctes, savoir :

1° Les *engrais* proprement dits, susceptibles de fournir *directement* un ou plusieurs éléments utiles et immédiatement assimilables aux végétaux. On doit comprendre dans cette division l'engrais humain, une partie des déjections animales, les préparations chimiques et les sels minéraux purs ou décomposés (1).

2° Les *fumiers*, fournissant *indirectement* et par suite

(1) La chaux, qui donne de si bons resultats en agriculture, agit comme engrais, lorsqu'on l'emploie dans les sols qui en sont complètement dépourvus, parce qu'alors elle fourni directement aux plantes un élément de leur développement Mais si on chaule les terres pour faciliter la décomposition de l'humus et des substances végétales, la chaux agit dans ce cas comme une espèce de fumier, puisque c'est indirectement, et par décomposition successive, qu'elle concourt à la nutrition des végétaux,

d'un phénomène spécial accompagnant leur décompo sition dans le sol, les substances inorganiques assimilables aux végétaux. Toutes les matières végétales carbonées, sèches ou vertes, et une partie des matières animales rentrent dans cette catégorie.

Maintenant que le principe réel de la fertilité et de la production du sol est dévoilé, et que le mode d'action des matières fertilisantes est connu, on peut facilement expliquer, comment et pourquoi le fumier de ferme réunit les conditions les plus favorables à la bonne végétation des plantes : c'est parceque son action est le résultat de la double intervention des deux principes, déjections et litières, c'est-à-dire des matières animales et végétales qui le composent. Dès leur germination, les jeunes végétaux trouvent, en effet, dans la partie des déjections animales, agissant comme engrais, des éléments immédiatement assimilables qui activent leur croissance ; puis, au fur et à mesure de leur évolution, la décomposition successive des litières végétales procure aux plantes tous les éléments inorganiques nécessaires pour favoriser et assurer leur développement, jusqu'à complète maturité.

D'après ces déductions, où la science est venue confirmer et expliquer tous les détails d'une pratique universelle, et remontant à des milliers d'année, on peut déterminer d'une manière sûre et précise, le meilleur mode de préparation, de conservation et d'emploi du fumier de ferme, dont les éléments, si variés et si nombreux, sont en général si peu appréciés ou si mal utilisés.

CHAPITRE II

Du fumier de ferme

§ 1. — *Principes de la confection du fumier.*

> Faire n'est rien, le tout est de bien faire ;
> Qui ne sait pas, fait souvent mal.

Puisqu'il est maintenant démontré, que la principale action du fumier de ferme sur la végétation est subordonnée au phénomène de sa décomposition, on doit admettre, comme principe d'une incontestable vérité, que toutes les matières susceptibles de fermentation et de décomposition peuvent être utilisées pour la production du fumier. Dans ce nombre, les substances végétales, que la nature prodigue partout avec une libéralité inépuisable, sont les plus importantes et les plus efficaces.

La généralisation de l'emploi des débris végétaux comme matières fertilisantes serait une pratique rationnelle. Elle aurait, comme conséquence, l'avantage de rendre en quelque sorte la production agricole indépendante de l'élève du bétail, en ce qui concerne la fertilisation du sol, puisque les prairies pourraient, jusqu'à un certain point, être remplacées par une récolte végétale quelconque, régulièrement aménagée en vue de la confection du fumier de ferme (1).

Mais, pour préparer convenablement ce produit, il est à peu près indispensable de connaître la nature du terrain dans lequel il doit être employé, le genre de culture auquel on le destine. et enfin la valeur des éléments dont on dispose.

La constitution du terrain est l'élément déterminant en ce qui concerne l'état, et le degré de désorganisation auquel il convient de réduire le fumier. En effet, la lenteur avec laquelle s'effectue la décomposition des substances organiques dans les terres compactes, froides, et humides est le résultat du ralentissement de la fermentation de ces matières, soit

(1) L'aménagement, et l'adaptation spéciale des matières végétales a la fertilisation des cultures n'est que l'application d'une loi naturelle, qu'il ne faut pas exagérer, sous peine de stériliser des terrains pour en améliorer d'autres.

La culture améliorante par les engrais, qui réussit si bien sous un climat humide, n'est pas toujours possible, et ne donne pas toujours d'aussi bons résultats dans un pays sec et chaud ; il importe donc, dans ces conditions climatériques, de chercher à produire du fumier autrement que par l'élève du bétail.

Les bords des cours d'eau plus ou moins torrentiels, dont les sables et les limons fertiles vont se perdre sans profit dans la mer, pourraient fournir de très-grandes quantités de matières végétales, employées sèches ou vertes à l'amélioration des terres ; toutes les mauvaises herbes que l'on brûle, les ramilles consumées dans les fours pourraient aussi être utilisées au même usage, et chaque ferme devrait avoir des bois régulièrement aménagés et exploités sans abus, en vue de la confection du fumier. Cette loi de la production végétale vient de nouveau démontrer l'importance des forêts au point de vue agricole, et le danger de leur destruction inconsidérée.

par suite de l'imperméabilité du sol, soit à cause de son excès de fraîcheur (1).

Mais alors, comme dans ces conditions l'action fertilisante du fumier ordinaire, subordonnée à sa décomposition, ne pourrait être par conséquent que très-faible et très-lente, il sera opportun de faire effectuer dans la fumière la fermentation qui ne peut pas s'accomplir dans le sol,et de n'employer, pour les terres de cette nature, que du fumier très-décomposé, c'est-à-dire réduit à l'état d'engrais, parce que les principes actifs ou assimilables en sont ainsi facilement et directement absorbés par les plantes.

Dans un terrain chaud, léger, et perméable, la décomposition des matières organiques s'effectue au contraire très-rapidement, parce que toutes ces circonstances y activent leur fermentation putride. Pour les terrains de l'espèce, si on veut que l'action des fumures ne soit pas trop vive, et puisse se faire sentir pendant toute la durée de la végétation des plantes, il faut n'employer, comme fumier. que des substances végétales presque à l'état naturel, dont la décomposition, étant alors plus lente, et plus modérée, dure par conséquent plus longtemps.

---

(1) C'est par la lente décomposition des fumures dans les terrains argileux, qu'on peut expliquer leur durée,et leur action modérée, quelle que soit la masse du fumier enterré. Aussi dans les pays froids ou tempérés, les terrains de cette nature peuvent-ils, sans inconvénient, recevoir au début de l'exploitation une forte fumure, qui dans une terre légère ou sous un climat chaud brûlerait les plantes, leur donnerait une vigueur exagérée, et ne durerait pas jusqu'à la fin d'un assolement un peu long.

Par les mêmes raisons, et en dehors d'autres considérations spéciales, il faut en général,pour les terrains humides, préparer du fumier desséché, et mettre du fumier mouillé dans les terres sèches.

En ce qui concerne le mélange des matières fertilisantes, il est bon de tenir compte des principes qui les composent, et surtout des différentes manières dont chacun des éléments de nutrition des végétaux agit sur les divers organes des plantes. Ainsi, tandis que l'azote ou l'ammoniaque favorise le développement des feuilles, le phosphore agit principalement sur la formation des graines, et la potasse paraît spécialement favorable aux tubercules, et aux plantes racines. Pour compléter cet aperçu, il reste à faire connaître, que parmi les substances propres à faire du fumier, les unes comme les dépouilles et les déjections (1) des animaux sont surtout riches en azote ; les autres comme la colombine et les os contiennent principalement du phosphore ; les cendres renferment de la potasse,et enfin les pailles, feuilles, et tous les débris des végétaux verts ou secs sont en grande partie formés de matière carbonée, dont la décomposition dans la terre est le principal agent de l'assimilation de toutes les matières inorganiques, servant de nourriture aux plantes.

A l'aide de ces indications, on peut, en quelque sorte, décider suivant l'espèce et le mode de culture adopté, quel est le genre de fumier capable de donner les meilleurs résultats. Par exemple, aux plantes épui-

(1) Les déjections des animaux sont d'autant plus riches en matières fertilisantes, que leur nourriture est plus abondante et mieux choisie.

santes, et dont la végétation est vive, il faut un fumier bien décomposé et riche en matières animales. puisque leur développement exige une absorption considérable et rapide d'éléments de nutrition.

Si par contre, et c'est le cas le plus fréquent, on n'a que des cultures ordinaires, les matières végétales, soit seules, soit additionnées avec les déjections des animaux, les tourteaux, ou les engrais chimiques, fourniront à ces plantes des aliments suffisants pour toute la durée de leur végétation.

Tout le problème des fumures usuelles consiste donc à trouver le moyen de préparer facilement, rapidement, et économiquement, la plus quantité possible de matières végétales (1), de telle sorte que ces substances

---

(1) Lorsque l'industrie humaine rassemble sur un seul point, une certaine quantité de matières végétales, que la nature aurait disséminée sur une plus grande étendue, elle ne fait qu'accumuler sur ce point, où, par suite de la culture, la production doit être considérable, un excès proportionnel de force végétative emprunté à un sol laissé sans culture, et où la production est faible. Dans ce cas, on n'enrichit pas un sol au dépens d'un autre, ce que Liebig appelait l'agriculture spoliatrice, on utilise seulement au profit de la meilleure production possible les éléments de fertilité fournis par la nature.

Lorsque M. G. Ville a dit, en 1866, que: *l'agriculteur qui n'emploie que du fumier, et rien que du fumier, épuise sa terre*, il a émis un paradoxe, prouvant à la fois, qu'il n'avait pas assez étudié l'agriculture dans les champs, et qu'on n'avait pas encore découvert, à cette époque, la véritable action du fumier sur la nutrition des végétaux.

On pourrait au contraire dire maintenant, avec raison, que l'usage exclusif et prolongé des engrais chimiques peut avoir les conséquences les plus désastreuses En effet, les façons qui accompagnent les cultures aux engrais chimiques, facilitant la destruction graduelle et complète de toutes les matières carbonées naturellement disséminées dans la terre, et leur disparition rendant inertes tous les éléments minéraux du sol, le rôle de ce dernier serait alors réduit à celui de simple support des plantes cultivées. Le cas échéant, la suppression des fumures au moyen des engrais chimiques aurait pour conséquence forcée la stérilisation complète, absolue, et peut-être indéfinie du sol.

puissent commencer à fermenter, et à se décomposer dès leur enfouissement dans le sol, et que ce phénomène se continue graduellement, en suivant les exigences de la végétation des plantes cultivées.

Quoique toutes les matières végétales, pailles, herbes, feuilles, etc., si abondantes, et si négligées, se décomposent par la fermentation putride, il faut cependant remarquer que ce phénomène ne se manifeste rapidement et énergiquement que dans les substances animales, et les matières azotées ; mais une fois en voie d'altération, celles-ci agissent alors comme ferment, pour déterminer la putréfaction des matières en contact avec elles.

La quantité de matières animales ou azotées, dont l'intervention est ainsi nécessaire pour faire fermenter une certaine masse de substances végétales, dépend de trop de circonstances diverses, pour qu'on puisse déterminer un rapport unique et absolu. En dehors des indications que la pratique pourra fournir pour chaque cas particulier, on peut cependant admettre qu'un dixième de déjections, ou autres matières animales, sera en général plus que suffisant pour provoquer la fermentation d'une quantité proportionnelle de débris végétaux bien mélangés.

En outre, il importe de ne pas oublier que le phénomène de la fermentation putride exige, pour sa manifestation, le concours des trois conditions suivantes :

1° Une température variant de 10 à 75 degrés de chaleur (1) ;

(1) La fermentation, activée par une élévation graduelle et modérée de la température, se rallentit au fur et à mesure de son abaissement : elle est complètement arrêtée par le froid.

2° La présence de l'air (1);

3° Une certaine quantité de liquide, ou d'humidité (2).

Dès lors, pour obtenir, suivant ces principes, une bonne et facile préparation du fumier de ferme, il faut commencer par bien entremêler toutes les substances végétales (litières, pailles, feuilles, etc.), dont on peut disposer, avec une certaine quantité proportionnelle de matières animales (déjections, purin, etc.), afin de multiplier leurs points de contact. On mouille ensuite cette masse, et on l'expose à l'air, et à la chaleur pour déterminer un commencement de fermentation dans tout le mélange ; on ralentit, et on modère ensuite cette fermentation, afin que la décomposition naissante des matières végétales se continue, et se termine dans le sol (3).

Mais l'application de cette méthode, et l'exécution de ces trois opérations entraînent, comme conséquence, l'installation d'un bassin ou récipient, dans lequel puisse s'effectuer le dépôt et le mélange de toutes les matières ; la disposition d'une certaine quantité de liquide nécessaire à l'humectation du mélange, et enfin l'appropriation d'une aire, ou plateforme, sur laquelle doit être entassé le fumier mis en fermentation.

---

(1) La présence de l'air est nécessaire pour le commencement de la fermentation, qui se continue ensuite même à l'abri de l'air, ainsi qu'on l'a constaté dans les tas de fumier de l'école d'agriculture de Grignon. Voir, Chimie agricole de M. Dehérain.

(2) L'humidité est indispensable pour la fermentation ; mais un excès de liquide, de même que la sécheresse, interrompt, rallentit, ou peut même arreter complètement ce phénomène.

(3) Jauffret, par l'intuition des lois naturelles, avait pressenti et deviné cette manière de préparer le fumier : mais sa méthode a été abandonnée, parce qu'elle était incomplète, et n'avait pas pu être justifiée scientifiquement.

M. Vidal, instituteur, a présenté également un projet de confection du fumier se rapprochant de cette methode et de ces principes.

§ 2. — *Manipulation des litières et du fumier.*

Qui soigne son fumier, remplit son grenier.

Pour effectuer un bon mélange des matières végétales et animales de toute nature, destinées à produire un fumier normal et homogène, il importe,avant toute chose,de ne pas laisser trop longtemps les litières dans les étables et sous les animaux. On évite ainsi un commencement de fermentation, aussi nuisible à ces matières qu'aux bestiaux eux-mêmes, et cette précaution est d'autant plus avantageuse, qu'après leur saturation. les litières laissent écouler, et perdre inutilement, une certaine partie des liquides fertilisants.

A tous les égards, il est donc avantageux de prendre pour règle d'enlever les litières, dès qu'elles sont brisées et imbibées des déjections liquides et solides, en tenant cependant compte de leur propension plus ou moins grande à s'échauffer, et à fermenter.

En géneral, le fumier de cheval ou de mulet, actif, chaud, et fermentant facilement, doit être enlevé tous les deux ou trois jours, si on veut lui conserver toutes ses qualités ; celui des bêtes bovines, plus aqueux, et plus froid, ne risque pas de s'échauffer, mais il doit être enlevé dans le même délai, parce qu'il forme rapidement de la boue, et laisse alors s'écouler,et perdre les eaux de purin. Le fumier des porcs, quoique froid et humide, doit être enlevé le plus tôt possible, parceque ces animaux aiment une litière propre et sèche. Les crottins des bêtes à laine sont secs, et peuvent rester longtemps dans les bergeries; mais, dès que la litière devient un peu humide, il faut se hâter de l'enlever pour empêcher leur fermentation.

Quant aux déjections des lapins, poules, et pigeons, on les ramasse, et on les mélange avec les autres matières, suivant les besoins, ou dès que l'humidité tendrait à provoquer leur décomposition.

Il est convenable d'effectuer le transport des litières, depuis les étables jusqu'au bassin de mélange, à l'aide d'une brouette, ou d'une civière, pour éviter l'écoulement et la perte du purin.

On doit. dans le bassin, étendre les litières par couches, afin de bien les mêler entre-elles, en y ajoutant dans la proportion indiquée plus haut, toutes les matières végétales et animales que, par négligence ou ignorance. on laisse souvent perdre sans utilité dans une ferme, telles que : balayures, chiffons, os brisés ou entiers, tourbe, suies, cendres, cuirs, crins, poils, plumes, cornes, déchets divers, marcs, tannée, sciure de bois, balles de cereales, feuilles, herbes (1) roseaux, débris de bois et de fascines, arbustes de toute nature (2), verts ou secs. Tout cela fait du très bon fumier.

---

(1) On devra, autant que possible, mettre dans le bassin de dépôt les herbes au moment de leur floraison, d'abord parce que à cette époque elles renferment des principes azotés, et ensuite parce qu'on évite ainsi d'introduire dans le fumier les graines de plantes nuisibles, qui sont plus tard transportées dans les champs, et enterrées avec ces matières fertilisantes, sans que la fermentation ait détruit leur faculté germinative.

(2) Les roseaux des marais de la Camargue, tous les débris de fagotage, brindilles, feuilles, etc., provenant de l'exploitation des bois, et les herbes marécageuses, peuvent être utilement employés pour la confection des fumiers. Si les débris végétaux étaient trop ligneux, on pourrait, au préalable, les broyer ou les couper, afin de faciliter le mélange ; lorsque les matières végétales seront en excès, on pourra les saupoudrer d'une légère couche de chaux pour activer leur décomposition. La plantation en roseau de tous les bords des ruisseaux fournirait une grande quantité de matières végétales pour la production du fumier.

On remplit ensuite ce bassin avec de l'eau,ou du purin, de manière à ce que toute la masse s'imbibe et s'imprègne également de liquide.Cette première opération est très-facile, si on peut amener l'eau à volonté dans ce bassin, ou mieux encore, lorsque ce récipient se trouve à côté, et en communication avec une fosse à purin et des latrines. Cette dernière circonstance est des plus avantageuses, parce qu'on humecte alors ces matières avec un liquide ammoniacal, ce qui les prépare mieux à la fermentation ultérieure.

On peut laisser ce mélange de matières de toute nature se ramollir, et se macérer longtemps dans le liquide alcalin du bassin de dépôt, parce que. dans ces conditions, il n'y a aucune espèce de déperdition à craindre, soit par écoulement, évaporation, ou fermentation. Quinze ou vingt jours avant l'époque des fumures,on retire ces matières pour les stratifier par assises régulières sur la plate-forme de fermentation. Ce travail doit être fait avec soin ; il importe surtout de bien tasser le fumier, afin qu'il ne reste ni creux, ni vides, dans lesquels l'accès de l'air déterminerait le développement d'un petit champignon microscopique, formant une moisissure, vulgairement connue sous le nom de *blanc* (1).

On peut élever le tas de fumier jusqu'à une hauteur maximum de 1 mètre 50 centimètres à 2 mètres,pourvu que les bords et les parois en soient bien établis, et bien disposés.

---

(1) Le fumier envahi par le blanc fermente ensuite difficilement, à cause de la décomposition des substances azotées, résultant de cette moisissure.

Dès que ce monceau de matières animales et végétales, ainsi mélangées, ramollies,et humides, se trouve exposé à la chaleur et à l'air, il ne tarde pas à entrer en fermentation, et ce phénomène, qui se propage peu à peu dans toute la masse, prendrait rapidement une intensité nuisible, s'il n'était modéré par des arrosages réguliers (1). Cette humectation, dont le résultat est de rallentir la fermentation, tout en rendant le fumier plus compacte, est effectuée au moyen d'une écope (2), et avec le liquide du bassin de mélange, ou bien avec du purin, lorsque ce produit est recueilli dans une fosse spéciale.

La fermentation du fumier doit être légère et modérée ; toute élévation de température sensible, que décèle l'émission de vapeurs abondantes, est nuisible, et il importe de l'éviter avec soin. Une fermentation active, ou forte aurait en effet le double inconvénient de trop décomposer les matières végétales, et de faire évaporer, sous forme de gaz ammoniacal, une partie des principes fertilisants, provenant des déjections animales.

---

(1) Le sel marin empêche la fermentation ; pendant les grandes chaleurs, et dans certaines circonstances particulieres, on pourrait mouiller le fumier avec de l'eau légèrement salée pour le mettre à l abri d'un excès de décomposition, par suite d'une fermentation trop vive.

(2) Dans une grande exploitation, une pompe à purin rendrait ce travail très-facile ; mais dans les fermes de petite et de moyenne culture, où l'arrosage du fumier est une opération de quelques minutes, l'emploi de l'écope est tout aussi simple, et a en outre cet avantage d'éviter l'achat d'un instrument assez cher, susceptible de se détériorer, et que l'on ne peut pas toujours faire réparer facilement dans les campagnes. Toutefois une pompe rustique en bois, pourrait être préférable à l'écope.

Les fumiers ainsi préparés sont bons à être employés quinze jours après leur mise en fermentation.

Sans modifier les degrés de décomposition du fumier, on peut rendre à volonté son action plus active, plus énergique, ou plus rapide, par l'adjonction de substances fertilisantes, ou d'engrais spéciaux. On arrive à ce résultat, soit en délayant une certaine quantité de tourteaux (1) dans le purin destiné à mouiller et à arroser les matières, soit en mélangeant des cendres au fumier destiné aux plantes racines, ou en l'additionnant de superphosphate de chaux (2), s'il s'agit de fumer des céréales. Il importe également de signaler, que le mélange de compost azoté, provenant des cadavres des animaux morts de maladie non contagieuse, donne aussi au fumier de ferme une action vive et énergique, surtout dans les terrains calcaires.

On pourrait peut-être supposer que ce fumier arrosé, et pour ainsi dire lessivé, perd de ses qualités, il n'en est rien : il devient au contraire meilleur et plus homogène. Sans doute le liquide dont on l'inonde entraîne, en dissolution, certains sels contenus dans les déjections, mais comme les écoulements, ou les suintements du fumier, loin d'être perdus, doivent au contraire

(1) Au point de vue général de la quantité de tous les principes fertilisants, les tourteaux peuvent être rangés dans l'ordre suivant : 1° chanvre, 2° lin, 3° œillette, 4° sezame, 5° colza et arachide, 6° faine, 7° caméline.

(2) Les engrais phosphatés sont indispensables dans les terrains granitiques ou schisteux, parce que, dans les sols de cette nature, le phosphore se trouve engagé dans des combinaisons peu solubles, et qui résistent aux réactions naturelles des phénomènes de la végétation.

être recueillis avec soin, soit dans le bassin de dépô, soit dans une fosse à purin, toutes les substances dissoutes vont, par le fait, enrichir de principes fertilisants le contenu de ces récipients. Or, comme le liquide de ces bassins est précisément employé à l'arrosage des matières en fermentation, il en résulte qu'à chaque opération de ce genre, on introduit dans le fumier une dilution de ces mêmes éléments fertilisants, avec cet avantage, qu'ils se distribuent, et se combinent plus également dans la masse des matières végétales.

Il serait avantageux, dans certains cas, de couvrir les tas de fumier avec de la terre (1), comme pour faire du compost ; ce revêtement aurait pour résultat d'en écarter les poules, et de le soustraire en même temps à l'action de la pluie, et surtout à celle du soleil qui en dessèche la surface extérieure. Mais cependant l'absence de cette précaution présente, à ce dernier point de vue, moins d'inconvenients qu'on ne pourrait le croire. L'émission de gaz ammoniacal, seule cause éventuelle, et possible de perte de matières fertilisantes, n'est en effet susceptible de se produire que sous une action oxydante, ou par une fermentation énergi-

---

(1) On saupoudre quelques fois le fumier avec du plâtre, pour éviter l'évaporation du gaz ; on emploie aussi, dans le même but, le sulfate de fer (couperose verte). Le plâtre (sulfate de chaux) donne de très-bons résultats lorsqu'il est employé comme engrais, en couverture sur les terres sèches, légères et bien fumées ; mais, d'après M Deherain, l'emploi du sulfate de fer dans le fumier peut, dans certaines circonstances, devenir dangereux pour les plantes, et il sera bon d'y renoncer.

Quant au plâtre, on peut le remplacer par de la terre sèche pour couvrir le fumier.

que, deux conditions qui ne pourront jamais exister, ni parmi les matières réunies et immergées dans l'eau du bassin de dépôt, ni dans les tas de fumier maintenus toujours humides. Dès lors la déperdition de cette nature, dont le siège est d'ailleurs limité à la surface extérieure du fumier, n'aura jamais une importance bien considérable (1), surtout à cause de l'état de fermentation modérée des matières.

Quant à l'action éventuellement préjudiciable de la pluie, on la supprime complétement par la précaution que l'on doit avoir de recueillir, dans la fosse à purin, tout le liquide s'écoulant du fumier ; néanmoins, si par hasard l'eau pluviale rallentissait, ou suspendait momentanément la fermentation du fumier déposé sur la plate-forme, il serait facile, le cas échéant, de remédier à cet inconvénient accidentel, et de peu de durée, en recouvrant le tas de fumier au moyen d'un abri mobile quelconque formée, soit avec de la paille, ou des branches d'arbres. Les vieilles claies, hors de service, peuvent être très-utilement employées à cet usage, en les disposant en forme de toiture au-dessus des tas de fumier.

(1) La perte de l'azote par évaporation ne serait importante que pour les fumiers bien décomposés, et destinés à agir comme engrais immédiatement assimilables : pour le fumier proprement dit, cette perte est sans importance, attendu que la décomposition des matières carbonnées dans le sol, doit servir à la fixation de l'azote, et à la production de l'ammoniaque nécessaire à la végétation.

§ 3. — *Emploi du fumier.*

> C'est ce qu'on fume qui rapporte ;
> Fumier bien employé, double la récolte.

Le fumier s'emploie, et se transporte ordinairement dans les champs à des époques différentes, suivant les cultures. Ainsi on fait en automne les charrois des engrais affectés aux céréales d'hiver, et on transporte pendant les gelées les matières fertilisantes destinées aux prairies et aux semailles du printemps. On doit néanmoins, pour obtenir le meilleur résultat de l'emploi de ces matières fertilisantes, tenir compte de leur état de désorganisation, du climat, et de la nature du sol.

Le fumier très-décomposé, *court*, et passé à l'état dit *beurre noir*, a en quelque sorte perdu sa qualité de fumier pour se transformer en engrais ; comme tel, son action est immédiate, et rapide, mais sans durée. N'ayant pas besoin pour agir de fermenter, et de se décomposer dans le sol, il est alors bon surtout pour les terres fraîches et compactes, et les climats humides, parce que ces circonstances, qui rallentiraient la décomposition, et par conséquent l'action des matières carbonées du fumier ordinaire, sont sans influence sur ce genre de fumier-engrais. Dans ces conditions spéciales, on peut alors suivant les cas remplacer quelques fois le fumier de ferme par des engrais quelconques immédiatement assimilables.

Dans les terrains légers et secs des pays chauds, où

l'action du soleil et de l'air activent au contraire la fermentation, et la décomposition des substances animales et végétales, l'emploi des fumiers peu décomposés, dits *pailleux* ou *longs*, est de beaucoup préférable (1) autant au point de vue du résultat des fumures, que pour la durée de leur action.

Par les mêmes raisons, le fumier décomposé, agissant comme engrais, doit autant que possible être enfoui à une époque rapprochée de celle du développement des plantes, tandis que le fumier pailleux a besoin, au contraire, d'être enterré un peu à l'avance, afin que sa décomposition lente et successive prépare, dans le sol, les éléments de la nutrition des végétaux.

Pour les fumures en couverture, on peut indistinctement employer le fumier à l'état frais, ou très-décomposé, parce qu'ils agissent, l'un et l'autre, également comme engrais. Cependant pour les prairies (2), un compost bien fait, le sable ou la terre imbibés de purin, ou même le purin seul, mais convenablement étendu d'eau, sont peut-être encore préférables.

---

(1) On met quelquefois du fumier très-décomposé dans les terres légères pour leur donner de la fraîcheur et du liant, et des fumiers pailleux dans les terres argileuses pour les diviser ; mais cet emploi spécial doit alors être combiné avec les saisons, de telle sorte que, pour le premier cas, la fumure soit faite en saison humide, et en temps sec et chaud, dans le second, afin de compenser l'action du sol, par celle des agents atmosphériques.

(2) Pour la fertilisation des prairies, et de toutes les plantes fourragères, les fumiers fermentés seraient préférables, à cause des helminthes, ou vers intestinaux, que renferment parfois les déjections des bestiaux, et qui, dans certains cas, peuvent rester adhérents aux feuilles des fourrages, et retourner ainsi dans les organes digestifs. Cet inconvénient n'existe pas avec les fumiers fermentés, parce que la fermentation détruit ces parasites et leurs germes.

En principe, le fumier frais, quoique renfermant souvent des semences de plantes nuisibles, susceptibles de germer, et de se propager ensuite dans les champs, doit néanmoins être employé en cet état, lorsque, par une raison quelconque, on recherche principalement dans la fumure l'action produite par l'engrais des déjections animales. Mais, en dehors de toutes circonstances spéciales de terrain, ou de culture, le fumier mélangé, et un peu décomposé par une légère fermentation préalable, est préférable, parce qu'il réunit toutes les conditions les plus favorables, tant au point de vue du développement des plantes, que pour l'amélioration du sol. Dans les climats chauds, l'enfouissement des matières végétales, après leur immersion plus ou moins prolongée dans le purin, donne, en général, un très-bon résultat, et principalement dans les terrains légers et perméables, parce que la fermentation, et la décomposition de ces substances s'y effectue assez facilement et promptement. Lorsque les débris végétaux sont verts (1), on peut les enterrer s. ns

(1) L'emploi des végétaux, comme *engrais enterrés en vert*, n'est possible que dans les pays *chauds*, et surtout dans les terres *légères* et *perméables*, où leur décomposition, par la fermentation putride, peut s'effectuer rapidement et facilement : dans ces conditions, ils donnent d excellen s résultats, équivalents à la meilleure fumure complète ordinaire.

Les plantes employées comme engrais vert, doivent être enfouies au moment de leur floraison, époque à laquelle les jeunes tiges renferment une certaine quantité de matières azotées, qui favorise leur fermentation et leur décomposition dans le sol. Il importe que les engrais verts soient mis en terre en temps utile, afin que leur decomposition coïncide avec la végétation des plantes, auxquelles ces engrais doivent fournir des éléments de nutrition.

L'action fertilisante de ces substances vertes et tendres est courte, parce que leur décomposition dans le sol s'effectue rapidement ; aussi, l'action de ces engrais enterrés en vert se fait sentir immédiatement, mais ne dure qu'une année.

Comme la présence de l'air active la décomposition de ces matières, il faut éviter de remuer, retourner, ou aérer les terrains fumés, parce que les matières carbonées se décomposeraient alors plus rapidement, mais inutilement.

aucune préparation ou immersion, parce que l'humidité dont les tissus sont gonflés, suffit pour déterminer rapidement leur décomposition. sous l'influence combinée de la chaleur et de l'air.

Dans les terrains argileux, froids, et compactes, où la décomposition des substances fertilisantes animales et végétales, ne s'effectue que lentement, et seulement par suite de l'aération artificielle du sol produite par les labours et les travaux de cultures. on peut, sans inconvénient, mettre dans les champs, au début d'un assolement de plusieurs années. une grande quantité de fumier, qui fournit ainsi à chaque récolte de la sole. une alimentation successive et suffisante. Mais dans les pays méridionaux. ainsi que dans les terres chaudes et légères. les grosses fumures sont en quelque sorte impossibles, parce que l'activité de leur décomposition brûlerait les plantes au début de l'assolement, et laisserait ensuite un sol épuisé, avant la fin de la rotation. Dans ces conditions, on est donc obligé de mettre des fumures modérées, et de les renouveler chaque année, ou même à chaque culture.

Le chargement du fumier doit se faire en attaquant le tas par tranches, de haut en bas, afin de mélanger toutes les diverses couches.

Il faut, d'après M. Heuzé, répartir le plus également possible les monceaux de fumier déposés dans les champs, en les espaçant d'environ 6 à 7 mètres. afin que le jet, pour l'épandage des matières, n'excède pas 3 mètres 50 centimètres, en tous sens. Lorsqu'on effectue le transport du fumier sur diverses parcelles de terre, il est indispensable de calculer à l'avance quel est, d'après la fumure totale, le volume approximatif des petits tas de fumier à faire. En admettant, par exemple, leur écartement à 7 mètres, le fumier de chaque tas devra être étendu sur une superficie de 49 mètres carrés ; il en faudra par conséquent 204 à l'hectare. Dans ce cas, avec une fumure de 10,000 kilogrammes à l'hectare, chaque tas secondaire devra contenir environ 50 kilogrammes de fumier, pour que la distribution soit régulière.

Dès que le fumier est transporté aux champs, il faut l'étendre, de crainte que chaque petit tas ne devienne le siège d'une fermentation trop forte ; en cas de retard, on pourrait diminuer cet inconvénient, en couvrant ces fumerons d'une couche de terre un peu épaisse. Après son épandage, il faut enfouir le fumier au plus vite, afin d'éviter sa dessication, et lui conserver un peu d'humidité nécessaire pour déterminer la fermentation. et par suite la décomposition des matières carbonées dans le sol.

La profondeur à laquelle il convient d'enterrer le fumier varie forcément suivant la nature du terrain, la saison, et le climat; elle dépend surtout du genre de fumure et de culture. Les fumiers vieux, très-consommés,et les engrais, doivent être enfouis de manière à se trouver, autant que possible, à l'abri de l'action immédiate de l'air ; mais il faut en même temps les placer à portée des racines des plantes qui doivent puiser dans ces matières des éléments assimilables. Il convient de recouvrir, et d'enterrer légèrement les fumiers courts, pailleux, et à demi décomposés, parce que l'influence de la chalenr, de l'humidité, et de l'air leur est indispensable pour fermenter, et se décomposer dans le sol.

Lorsque les fumiers doivent rester un certain temps dans la terre, avant l'ensemencement, il est bon de prendre, dans ce cas particulier, quelques précautions pour leur emploi, ou leur conservation. Ainsi, dans les pays froids, et les sols compactes, et humides, où ces circonstances rendent la fermentation des matières carbonées ordinairement très-lente, il sera avantageux d'ameublir et d'aérer le terrain par des labours réitérés et fréquents, dont le résultat sera de mettre les substances végétales en contact avec l'oxygène de l'air, d'activer ainsi leur décomposition, et de faciliter par conséquent la formation de leurs combinaisons fertilisantes (1).

Ces labours ont en outre l'avantage de tenir les champs propres, et de les débarrasser de toutes les mauvaises herbes, qui sont par suite enterrées avant leur fructification.

Mais ces pratiques seraient vicieuses sous un climat sec et chaud (2), et dans des terrains légers et perméables, où il importe au contraire d'empêcher le fumier de se décomposer trop vite, et inutilement. A cet effet, on peut d'abord enfouir les matières végétales sèches, ou les recouvrir davantage de terre, pour les garantir de l'action de l'air ; mais, dans la plupart des cas, et

(1) Il en serait de même, si le sol contenait trop de matières fertilisantes, ou si, comme pour les forêts défrichées et mises en culture, la couche superficielle était complètement formée de débris végétaux : dans ce cas, le sol ne devient fertile que lorsque, à force d'aérer la terre, on a facilité la décomposition des matières carbonées.

(2) Les différences résultant de l'influence du climat, et du terrain, expliquent bien clairement les modifications de cultures entre les contrées du nord et du midi.

suivant les circonstances, on obtiendra le même résultat en plombant énergiquement la terre. avec un fort rouleau plombeur, parce que cette opération tassera la surface, et empêchera ainsi l'introduction de l'air dans l'intérieur du sol.

Comme l'emploi fréquent de la charrue épuiserait ces terrains, il sera très-avantageux de faire usage de l'extirpateur, ou de la houe à cheval, pour nettoyer les champs, et empêcher le développement des herbes parasites.

En résumé. il n'y a pas, et il ne peut pas y avoir des règles absolues et générales pour l'emploi du fumier. En cela, comme pour presque toutes les pratiques agricoles, il faut savoir concilier les travaux avec les influences climatériques et locales, ainsi qu'avec les combinaisons économiques des cultures (1).

---

(1) La culture du sol a pour objet, soit de faciliter la pénétration et le développement des racines des végétaux, soit d'enfouir et d incorporer les substances fertilisantes, soit d'ameublir la terre, afin de mieux l'exposer aux bienfaisantes influences atmosphériques. L'étude des phénomènes de décomposition des matières végétales, dans l'intérieur du sol, permet d'apprécier le meilleur mode de culture, en ce qui concerne la fertilisation des terres. — Tous les travaux de labour ont en effet pour but de recouvrir le fumier d'une légère couche de terre ; on cherche à reproduire, ainsi artificiellement, les conditions dans lesquelles les détritus végétaux se décomposent naturellement dans les bois, à l'abri, et sous les couches de feuilles mortes, qui tombent chaque année sur le sol. — Connaissant le but à atteindre, il est facile de reconnaître, et d'apprecier les modes de culture se rapprochant le mieux des conditions naturelles: le béchage est supérieur au labour, parce qu'il retourne complètement la couche superficielle du sol, que la charrue ne fait que renverser de côté. Quant aux défoncements profonds, bons pour rendre le sol perméable aux racines, ils sont sans résultats utiles, au point de vue de la fertilisation et de l'amélioration du sol en lui-même.

§ 4. — *Consommation, production et valeur du fumier.*

Il ne faut semer, que ce que l'on peut fumer.
Une poignée de paille donnne deux poignées de fumier.

Une exploitation agricole doit, autant que possible, se suffire à elle-même, c'est-à-dire, produire assez matières fertilisantes pour fumer convenablement tous ses terrains : mais en même temps, l'assolement des cultures doit être en partie basé sur les fumiers, et les engrais dont on dispose.

Quoique les indications précises fassent encore défaut pour déterminer exactement la fumure nécessaire à chaque genre de culture, et eu égard à chaque nature de terrain, ainsi que la quantité de déjections et de fumier produite par chaque espèce d'animaux, on peut cependant consulter avec fruits les résultats que les expériences ont fourni sur ces diverses questions.

Ainsi, on admet qu'il faut les quantités suivantes de fumier de ferme normal, pour fumer convenablement les différentes espèces de cultures ci-après, en ne tenant pas compte de la nature, ou de la fertilité du sol :

Prairies	—	6 à 8000 kil. de fumier (1),	par hectare	et par an.	
Céréales	—	10 à 12000	id.	id.	id.
Racines et plantes industrielles	—	30 à 40000	id.	id.	id.
Culture Maraîchère	—	60 à 80000	id.	id.	id.

(1) On emploie souvent pour les prairies le purin liquide, a raison de 2 à 300 hectolitres par hectare ; mais il faut, pour cet usage, mélanger le purin avec de l'eau, parce que, à l'etat pur et concentré, il pourrait brûler, et faire périr les plantes sur lesquelles il serait répandu.

M. Heuzé, a calculé la quantité de fumier de ferme nécessaire pour récolter une certaine quantité fixe de produits. Voici quelle serait, d'après cet agronome, les relations correspondantes entre les fumures et les diverses récoltes :

Blé	—	1 hectolitre de grains	pour	500 kil.	de fumier de ferme.
Avoine	—	id.	pour	300	id.
Pommes de terre	—	100 kil. de tubercules	pour	75	id.
Carotte	—	id. de racines	pour	60	id.
Betterave	—	id. id.	pour	65	id.
Garance	—	id. id	pour	2000	id.

Il semble inutile d'ajouter que ces chiffres sont très-variables, à cause de la nature, et de la composition du fumier, comme aussi par suite de l'amélioration naturelle du sol, après des fumures abondantes et prolongées.

Dans toute exploitation agricole disposant d'une fumière, la production du fumier de ferme dépendra d'abord de la quantité de matières végétales dont on disposera, et ensuite de celle que l'on pourra préparer, et faire fermenter en mélange avec une proportion du 1/10 environ de matières animales.

Quoique l'abondance, et la qualité des déjections des animaux soient proportionnelles à leur nourriture, et qu'elles varient pour chaque espèce de bétail, suivant l'âge, la taille, et le travail on peut cependant, d'après diverses observations, évaluer en moyenne, ces produits ainsi qu'il suit, par an et par individu :

	Bête Chevaline	Bête Bovine	Bête Porcine	Bête Ovine	Volaille	Pigeons
Déjections solides	4500^k	10000^k	500^k	300^k	20^k	4^k
id. liquides	1500	3500	600	150	»	»
	6000^k	13500^k	1100^k	450^k	20^k	4^k

On estime les déjections humaines, en moyenne, par an. et par individu. à 450 kilogrammes, dont 50 kilogrammes de solides, et 400 kilogrammes de liquides.

Ces chiffres approximatifs peuvent servir de guide, pour la quantité proportionnelle des matières végétales de toute nature à mélanger dans le bassin de la fumière.

La quantité de litière à employer dans les étables, pour les soins nécessaires aux animaux, doit être en général proportionnée aux déjections, et par conséquent à la nourriture; on l'a calculée approximativement, ainsi qu'il suit :

Bête chevaline — litière égale au poids du fourrage consommé,

Bête bovine — litière égale à une fois et quart le poids du fourrage consommé;

Bête ovine — litière égale à la moitié du poids du fourrage consommé.

Toutefois, dans la pratique, on donne en moyenne à chaque espèce d'animaux la quantité suivante de paille de blé, comme litière :

Bête Chevaline	—	3k.	de paille par jour.
Bête Bovine	—	4k.	id.
Bête Porcine	—	2k.	id.
Bête Ovine	—	0k.500g.	id.

Il importe d'observer, que les quantités de litière à employer doivent être modifiées suivant leur faculté d'absorption (1), et la facilité avec laquelle elles se brisent et se décomposent ; à ces points de vue, les pailles d'avoine et de blé marchent en première ligne.

Lorsque le fumier se fait dans les étables, sa production, en ne tenant pas compte des circonstances particulières aux animaux, est en général subordonnée à la disposition des locaux, et à la manipulation des litières. D'après MM. Thaër et Burger, le fumier de ferme produit à l'étable, avec une litière convenable, est en moyenne le double du fourrage sec consommé et de la litière employée : on l'admet aussi égal à 25 fois le poids de l'animal.

Voici d'ailleurs, à titre de renseignement, une moyenne résultant des différentes évaluations, relatives à la quantité approximative de fumier de ferme produite

(1) Voici quelle est, d'après une expérience de M. Boussingault, le pouvoir absorbant des diverses matières employées comme litières.

100	kilog.	de paille d'orge	ont absorbé	285	kilog.	ou litres de liquide.
100		id. avoine	id.	228		id.
100		id. blé	id.	220		id.
100		id. colza	id.	200		id.
100	id.	de feuilles de chêne	id.	162		id.
100		id. bruyère	id.	100		id.
100	id.	de terre sèche	id.	50		id.
100	id.	id. marne	id.	40		id.
100	id.	de sable quartzeux	id.	25		id.

annuellement dans les étables,par les diverses espèces d'animaux :

Bœuf à l'engrais	—	25000	kil.	ou	30	mètres cube
Vache à l'étable	—	12000	»	»	15	»
Bœuf de travail	—	11000	»	»	12	»
Cheval de trait	—	10000	»	»	15	»
Porc	—	1000	»	»	2	»
Mouton à l'étable	—	800	»	»	1	»
Mouton au pâturage	—	500	»	»	0 50	»

Cette masse de déjection et de litière, mise dans une fumière, et additionnée d'une proportion convenable de diverses substances végétales,pourrait facilement servir à produire une quantité beaucoup plus considérable d'excellent fumier.

M. de Gasparin estime que le fumier de ferme *normal* ou *type*, c'est-à-dire celui où toutes les espèces de déjections et de litières sont mélangées.vaut environ 0 fr. 65 c. les 100 kil. ou 5 fr. le mètre cube. Lorsque ce fumier est convenablement consommé, le mètre cube pèse de 750 à 800 kilogrammes.

Le prix des déjections humaines varie de 4 fr. à 10 fr. l'hectolitre, ce qui donne, à la production annuelle d'un homme.une valeur moyenne de 20 fr. Les crottins de chevaux se payent environ 1 fr. 25 c. l'hectolire, ceux de moutons 2 fr. à 2 fr. 50 c. ces derniers pèsent à peu près 70 kil. l'hectolire , et le prix de l'hectolitre de colombine, pesant 45 k., est de 5 à 6 fr.

Parmi les liquides. les urines valent 1 fr. l'hectolitre environ ; d'après Mathieu de Dombasle, un mètre cube de fumier donne en moyenne 7 hectolitres de purin. dont la valeur est de 0 fr. 50 c. l'hectolitre.

CHAPITRE III

De la fumière.

—

§ 1. — *Conditions de l'établissement d'une fumière.*

Il faut une place pour chaque chose.

Depuis longtemps, les agriculteurs demandent vainement à la scienne des instructions pour la préparation, la conservation, et l'emploi du fumier de ferme : la divergence, et la variété des opinions émises à ce sujet fournissent la preuve de l'incertitude, ou de l'absence de principes sur une question aussi importante, ainsi que de la difficulté d'y trouver une solution pratique et raisonnée.

Comment, en effet, aurait-on pu prescrire de règles, pour la confection d'un produit dont on ignorait le mode réel d'action sur la végétation ?

La science semble avoir résolu maintenant ce problème, et en se rapportant aux principes de la préparation du fumier (1), rien n'est plus facile que d'indiquer une méthode simple, facile, et pratique, pour la mise à exécution de cette théorie.

Mais, pour effectuer ce progrès si désiré, il faut

(1) Voir Chapitre II. § 1.

rompre avec la routine, et être bien convaincu de deux choses : d'abord, que pour préparer beaucoup de fumier, il faut beaucoup de travail et de soins, parce que le fumier ne se fait pas tout seul ; et ensuite, que le meilleur moyen d'obtenir du bon fumier, et en grande quantité, est de le préparer dans une *fumière*, c'est-à-dire, dans un emplacement spécialement disposé, et préparé à cet usage.

Ainsi qu'on l'a dit précédemment, les opérations relatives à la confection raisonnée du bon fumier de ferme nécessitent, avec la disposition d'une certaine quantité de liquide, l'installation suivante :

1° Un bassin de dépôt et de mélange ;
2° Une plate-forme à fermentation ;
3° Une fosse à purin.

Cet ensemble sera complet, si au-dessus de la fosse à purin, on établit des cabinets d'aisance, de telle sorte que tout l'engrais humain soit recueilli, et dissous dans le liquide servant à arroser le fumier, dont la valeur comme engrais en sera ainsi augmentée.

Pour établir une fumière parfaitement appropriée à sa destination, il faudra donc coordonner ces diverses constructions le mieux possible, mais toujours de manière à éviter la perte d'aucune matière fertilisante. liquide ou solide. On devra également ménager assez d'espace, pour que les tas de fumier ne soient pas trop élevés, et prendre les mesures nécessaires pour faciliter son chargement et son enlèvement.

L'emplacement d'une fumière doit être déterminé d'après diverses considérations très-sérieuses. D'abord, les fumiers ne doivent jamais être laissés dans les cours, ou devant les portes des habitations, à cause des émanations, des mouches ou autres insectes ; il convient surtout de les écarter des puits et sources, dont les eaux pourraient être infectées par les infiltrations, ou les écoulements du purin. On devra enfin, autant que possible, placer la fumière à l'écart, et au nord (1), de manière à ce que les exhalaisons soient emportées au loin par les vents, en évitant les habitations.

Il sera indispensable de ménager une rigole, ou une conduite, afin de pouvoir amener à volonté de l'eau dans le bassin de dépôt, soit pour mouiller les matières végétales, soit pour renouveler, ou diluer au besoin le purin trop concentré. Quoique l'emplacement de la fumière doive être complètement mis à l'abri de toute invasion accidentelle, et soudaine des eaux pluviales, ou autres, il sera toujours prudent de ménager à la fosse à purin un orifice d'écoulement, afin qu'en cas d'évènement imprévu, l'excès de liquide fertilisant puisse s'écouler dans un terrain cultivé, au lieu d'être répandu sur le sol, en pure perte.

Une fumière doit-elle être close, et couverte ; — c'est-à-dire, le fumier fait à couvert est-il supérieur, et plus fertilisant, que celui laissé en plein air ? Tel est le problème relatif à la confection du fumier de ferme, qui a été peut-être le plus discuté, et qui n'est pas

(1) Cette orientation dépendra d'ailleurs du vent régnant, s'il est sec ou humide, et s'il enlève les odeurs en l'air, ou s'il les rabat vers le sol.

encore résolu, malgré les nombreuses controverses auxquelles il a donné lieu. L'incertitude qui règne sur ce point, et la faiblesse de toutes les théories émises à ce sujet, prouvent que cette question ne peut pas être généralisée, et résolue en principe, parce que les solutions, et les résultats présentés, sont tous subordonnés aux influences climatériques locales, telles que sécheresse, humidité, chaleur, ou froid.

En effet, dans un pays septentrional, où la congélation de l'eau pourrait empêcher la macération des matières dans le bassin de dépôt, et où l'abaissement de la température arrêterait la fermentation, il est évident que le fumier se fera mieux dans un local clos, qu'à l'air libre.

Si, d'un autre côté, par suite de l'humidité du climat, ou de la fréquence des pluies, la fermentation des substances était rallentie, ou empêchée, il est certain qu'il faudrait, dans ce cas, établir une toiture, mais seulement pour abriter le fumier déposé sur la plateforme de fermentation. Les matières réunies et immergées dans l'eau du bassin de dépôt n'ont, en effet, rien à redouter des pluies, et peuvent rester exposées à l'air libre.

Par les mêmes raisons, on comprend que dans les pays secs et chauds, l'abondance, ou la fréquence des pluies, ne peut avoir aucune influence sur la préparation, et la fermentation du fumier. si la fosse à purin présente d'ailleurs une capacité suffisante pour empêcher toute perte de liquide

Quant à ce qui concerne l'évaporation des gaz, résultant de l'action du soleil ou du vent, on peut la réduire considérablement par des arrosages bien entendus.

ou par des abris mobiles, sans cependant la supprimer complètement. On est donc forcé d'admettre, que le fumier confectionné à l'air libre perd, par l'évaporation qui s'exerce sur toute sa surface extérieure, une certaine quantité de matières fertilisantes. sous forme de gaz ammoniacal.

Mais cette perte, ainsi qu'on l'a dit en traitant de la manipulation du fumier (1), ne peut pas être considérable ; elle a d'ailleurs beaucoup perdu de son importance présumée, depuis que les travaux de M. Dehérain ont permis de déterminer l'action réelle du fumier par rapport à la végétation.

Il faut aussi remarquer qu'une construction fermée. quoique susceptible de réduire l'évaporation gazeuse, ne pourra cependant jamais faire disparaître cette source de perte, à moins de supprimer en même temps la fermentation des matières. qui en est la cause.

Dès lors, si on compare le chiffre probable de la perte de gaz ammoniacal, et son importance, à celui de la dépense que nécessiterait l'établissement, et l'entretien, d'un emplacement clos et couvert, destiné à la préparation du fumier, on aura la conviction que la clôture et la couverture d'une fumière (1) serait, dans le midi de la France, une dépense à peu près inutile, et surtout complètement improductive. Dans certaines circonstances particulières, une plantation d'arbres bien

(1) Voir Chapitre II, § 2.

(1) Dans sa brochure, *La Fosse à fumier*, M. Boussingault dit que les emplacements où se préparent les fumiers, n'ont pas besoin d'être abrités, et que la perte de l'ammoniaque gazeux est peu importante.

disposés, ou l'emploi intelligent de couvertures mobiles, faites avec de vieilles claies hors d'usage, pareront à presque tous les inconvénients possibles, résultant de la confection du fumier en plein air.

Les dimensions d'une fumière doivent être calculées d'après les fumiers annuellement produits dans la ferme, en tenant compte de leur mode d'emploi, du temps pendant lequel ils resteront dans le bassin de dépôt, ou sur la plate-forme de fermentation, ainsi que de la hauteur à laquelle ils y seront entassés

Quant à la fosse à purin, elle doit avoir la capacité nécessaire pour recueillir tout le liquide s'écoulant des litières, ainsi que les eaux pluviales (1) tombant sur l'emplacement de la fumière, en tenant compte de la perte de liquide résultant de l'arrosage du fumier, et celle produite par l'évaporation naturelle.

Tout cet ensemble devra être enfin complété par un chemin de 2 à 3 mètres de largeur environ, destiné à permettre aux voitures de circuler librement pour effectuer le chargement. et l'enlèvement, des fumiers.

---

(1) En Provence, la moyenne des jours de pluies est de 6 1/2 par mois, pendant lesquels il tombe une couche de 8 millimètres d'eau. En admettant deux périodes de pluies consécutives, il tomberait, pendant ces 13 jours, une couche de 0 mètres 10 centimètres d'eau, soit 10 mètres cubes d'eau par 100 mètres carrés, dont il faut tenir compte.

Pendant l'hiver, il tombe une épaisseur d'eau de 0 mètres 132 millimètres, ce qui représente 132 litres par mètre carré ; si on ajoute à cette quantité la moitié des pluies de l'automne et du printemps, soit une lame d'eau de 0 mètres 176 milimètres, on obtient un volume de 30 mètres cubes, pour 100 mètres de superficie. Tel est, dans les circonstances les plus défavorables, et en négligeant les pertes par évaporation, et celles de l'eau employée en arrosage, le maximum d'eau pluviale que le bassin de dépôt et la fosse à purin puissent recevoir annuellement.

§ 2. — *Dimensions et disposition de la fumière de Saint-A.......*

L'exemple est la première leçon.

Voici, comme exemple, les dispositions adoptées pour l'établissement de la fumière de St-A......, actuellement en activité.

L'assolement de la ferme de St-A...... est biennal ; il comprend une céréale, suivie d'une récolte sarclée, avec diverses terres en prairie, et en jardinage. Ces cultures, dont les contenances sont indiquées ci-dessous, nécessitent, chaque année, l'emploi des quantités suivantes de fumier, savoir :

Céréales	— 5h »	fum. de	10000k	à l'hect.	50000k.
Plante sarcl. avoine ou légumineuse	— 5h » 1/2	fum. de	5000k	id.	25000k.
Prairies	— 1, 50	fum. de	6000k	id.	9000k.
Jardinage	— 0, 20	fum. de	60000k	id.	12000k.
				Total	96 000k.

Soit en volume, environ 120 mètres cubes de fumier.

Le bassin de dépôt et de mélange de cette fumière est creusé dans le sol ; les murs et le fond, construits en maçonnerie de moëllons et chaux hydraulique, conservent parfaitement l'eau. Les dimensions de ce récipient sont les suivantes : largeur 5 mètres, longueur 9 mètres ; le fond, formant cuvette en pente douce, affleure le sol d'un côté, afin qu'on puisse y entrer avec une brouette, ou une civière ; à l'extrémité contigue à la fosse à purin, sa profondeur est de 1 mètre 80 centimètres, ce qui lui donne une capacité de 46 mètres cubes. Vers le milieu, se trouve un pilier en pierre sur lequel on établit un pont volant avec deux planches ; il servirait au besoin à séparer les matières végétales, qui pourraient avoir besoin d'une macération prolongée.

De chaque côté de ce bassin se trouvent deux plates-formes de fermentation, ayant chacune 3 mètres de largeur sur 9 mètres de longueur, et dont le sol imperméable, et en pente, déverse tous les écoulements des fumiers dans le bassin de dépôt. Ces deux plates-formes, en admettant pour les tas de fumier une hauteur de 1 mètre seulement, peuvent servir à faire fermenter 27 mètres cubes de matières de chaque côté, soit en totalité 54 mètres cubes. Si les tas étaient établis sur une hauteur de 1 mètre 50 centimètres, le volume du fumier serait alors de 81 mètres cubes. Ce volume, ajouté à celui que peut renfermer le bassin de dépôt, donne une masse de 127 mètres cubes, supérieure aux besoins de l'exploitation.

L'étendue dont on dispose permet ainsi de conserver le fumier toute l'année. Mais on peut réduire cet espace de moitié, ou ne faire usage que d'une seule plate-forme, si les fumiers sont enlevés à plusieurs époques différentes.

Les deux plates-formes de fermentation touchent, chacune par un angle, à la fosse à purin, dans laquelle il est ainsi facile de puiser, avec une écope, le liquide destiné à arroser le fumier en fermentation.

A la suite du bassin de dépôt, et en communication avec lui, se trouve la fosse à purin, ayant la même largeur de 5 mètres, 2 mètres de profondeur, et 2 mètres 40 centimètres de longueur moyenne. Ces dimensions représentent une capacité de 24 mètres cubes, qui, à cause de la communication de la fosse à purin avec le bassin de dépôt, paraît plus que suffisante, même en admettant les circonstances climatériques les plus défavorables.

La fosse à purin est, comme le bassin de dépôt, en maçonnerie hydraulique et parfaitement étanche (1).

La communication, entre le bassin de dépôt et la fosse à purin, a lieu au moyen d'une ouverture, devant laquelle se trouve une grille en fer; en fermant cet orifice (2), on peut, à volonté, remplir ou vider ch au n des deux récipients, suivant qu'on a besoin d'humecter

(1) Il pourrait être utile de couvrir la fosse à purin avec de planches mobiles, afin d'éviter la chute des volailles qui pourraient s'y noyer, et diminuer la concentration du liquide par suite de l'évaporation.

(2) Une pièce de bois un peu conique, garnie de peau, et entrant à frottement, comme un bouchon, dans le canal de communication, procure une obturation simple, solide, et complète.

les matières placées dans le bassin de dépôt, ou de les en retirer pour les stratifier sur les plates-formes de fermentation.

Au-dessus de la fosse à purin, et soutenus par un arceau en brique, se trouvent deux cabinets, ou lieux d'aisance, ayant 1 mètre 25 centimètres de largeur, sur 1 mètre 90 centimètres de profondeur, et destinés à l'usage du personnel de la ferme: les matières tombent ainsi directement dans le liquide de la fosse à purin, où elles se délayent.

Un chemin de 2 mètres 50 centimètres de largeur a été ménagé tout autour de la fumière, afin que les charrettes puissent facilement circuler, et se placer commodément de chaque côté des plates-formes pour le chargement des fumiers.

Suivant les localités, les terrains, et les matériaux employés, les frais de construction d'une fumière, dans les conditions ci-dessus, peuvent varier de 200 à 350 f.; mais il est facile, en se basant sur le même principe, de faire une installation bien moins coûteuse avec des matériaux simples, tels que planche, argile et maçonnerie en pierres sèches. L'essentiel est d'avoir un emplacement spécial pour faire imbiber, et fermenter les substances végétales, sans perdre aucune des matières fertilisantes.

Voilà le résultat qu'il importe d'obtenir. Lorsque chaque ferme aura ainsi une installation convenable pour la bonne préparation du fumier, il sera alors permis de croire à l'existence d'un progrès agricole sérieux, dont il faut désirer la prompte réalisation, au point de vue de la richesse et de la prospérité du pays.

www.ingramcontent.com/pod-product-compliance
Ingram Content Group UK Ltd.
Pitfield, Milton Keynes, MK11 3LW, UK
UKHW021312190726
13839UKWH00007B/1183

9 782329 366371